AF253669

QUESTION DES SUCRES.

A Messieurs les Fabricans

DE SUCRE INDIGÈNE.

MESSIEURS,

Au mois de mars dernier, j'ai publié un compte-rendu de la question des sucres, qui a obtenu votre approbation (1).

Depuis cette époque, un grand événement a été annoncé dans l'industrie sucrière. Un jeune chimiste aurait découvert un nouveau procédé de fabrication au moyen duquel il obtiendrait un rendement plus considérable et des sucres de qualité supérieure, sans le secours dispendieux des appareils du raffinage.

Qu'y a-t-il de sérieux et de vrai dans cette annonce? C'est la question que je me suis proposé de résoudre dans cet écrit. Vous jugerez si j'ai atteint mon but. Je désire au moins que vous y trouviez une preuve de ma reconnaissance et de mon dévouement pour vous tous.

BRETON.

Paris, 19 Octobre 1849.

---

(1) Voici en quels termes m'écrivit M. le Président du Comité central de Douai, en m'accusant réception de mon mémoire :

« . . . .

» J'ai lu votre travail avec un très vif intérêt: j'y ai vu une preuve nouvelle de votre zèle et de
» votre dévouement à remplir la mission que nous vous avons confiée, et, plus que jamais, j'ai la
» profonde conviction que l'industrie sucrière ne pouvait faire choix d'un plus digne représentant.

» Veuillez, je vous prie, agréer l'assurance de ma considération distinguée.

» Signé : Al^{sis} BOMMART,
Président du Comité central des Fabricans de sucre. »

Douai, le 4 Avril 1849.

1849

QUESTION DES SUCRES.

I.

Le *Moniteur universel* a publié, dans ses numéros des 29 et 30 septembre dernier, un long article de M. Melsens, chimiste belge, sur les recherches auxquelles il s'est livré pour arriver à un nouveau traitement des plantes saccharifères, plus propre que tous les moyens employés jusqu'à ce jour pour en extraire le sucre qui y est contenu.

Ce nouveau procédé, dont ce jeune chimiste s'attribue le mérite, tout en reconnaissant que la découverte en est due à d'autres savans, ses devanciers dans la carrière scientifique, a été révélé au public par un rapport officiel en date du 21 juillet 1849, adressé à M. le président de la République par M. le ministre de l'agriculture et du commerce, et dans lequel on trouve le passage ci-après :

« Un chimiste belge, élève du professeur Dumas, vient *de découvrir* un
» mode de traitement de la canne et de la betterave, qui permet de retirer
» de ces végétaux *la totalité* du sucre qu'ils contiennent et d'obtenir le sucre
» *de qualité supérieure, sans faire emploi des appareils compliqués et dispen-*
» *dieux autres que ceux propres à la trituration et à la défécation.* »

Le rapport se terminait par la proposition d'autoriser M. Melsens à faire une série d'expériences devant une commission désignée par le ministre.

Un langage aussi affirmatif, et qui se produisait en quelque sorte sous la double garantie du doyen de la Faculté des sciences et du ministre de l'agriculture et du commerce, dut laisser peu de prise à l'incrédulité. Une grande émotion se manifesta non-seulement parmi les fabricans de sucre, les raffineurs et les colons, mais encore parmi tous les industriels que des intérêts connexes lient à l'industrie sucrière. Les fabricans de noir animal, les mécaniciens, les distillateurs, etc., ressentirent l'effet de la commotion, et une indécision funeste gagna tous les esprits et suspendit momentanément le mouvement des affaires dans ces diverses branches du travail national.

Cependant cette sorte de panique se calma peu à peu ; on se prit à sonder le mal qu'on avait cru entrevoir, accompagné de toutes les calamités, et chaque intéressé se sentit bientôt renaître à un avenir meilleur.

Les colons jetèrent des cris de joie ;

Les ports de mer entonnèrent, sur tous les tons, l'hosanna du triomphe ;

Les fabricans indigènes, assurés de produire toujours, crurent toucher à l'affranchissement des énormités de la perception et des vexations de l'exercice ;

Les fabricans d'appareils, de machines, de noir animal même, les distillateurs, etc., virent s'éclaircir l'horizon un instant obscurci à leurs yeux ;

Les consommateurs enfin, ceux-là qui paient toujours et dont on semble ne parler jamais ;

Les pauvres mêmes, cette classe nombreuse des plus souffrans, se mêlèrent à ces aspirations vers une amélioration qui promettait une grande réduction dans les prix d'une denrée de première nécessité, qu'eux seuls, hélas ! n'avaient pu se procurer jusqu'alors qu'au moyen de sacrifices le plus souvent impossibles.

Un intérêt cependant, un seul, mais puissant, dominant pour ainsi dire tous les autres, un intérêt qu'on n'ébranle jamais sans soulever des tempêtes et des dangers pour le salut de tous, resta froidement attentif à cette succession rapide d'émotions diverses, cet intérêt : — C'était le Fisc.

Voilà quelle était à peu près la situation des esprits et des choses au moment impatiemment attendu où allaient enfin commencer les expériences que M. Melsens, plus heureux que beaucoup de ses devanciers et de ses contemporains, avait obtenu l'autorisation de pratiquer, devant une commission composée d'hommes spéciaux (1), d'abord au laboratoire de chimie de son illustre maître à la Sorbonne, puis dans les ateliers de nos établissemens sucriers.

Les premières eurent lieu à Paris dans les derniers jours du mois de juillet, sous les yeux de la commission qui dut ajourner son jugement.

Les dernières s'exécutèrent à la fin du mois d'août chez MM. Claës, fabricans de sucre à Lembecq en Belgique, et en présence de la commission, accrue d'une foule d'autres personnes admises, à des titres divers, à y assister.

Le *Moniteur* du 5 septembre suivant contient le rapport qui en constate les résultats dans les termes ci-après :

« La commission, chargée d'examiner le procédé de M. Melsens, pour « la fabrication du sucre, s'est réunie aujourd'hui même au ministère de « l'agriculture et du commerce :

« Après avoir entendu ceux de ses membres qui avaient assisté aux ex« périences effectuées à Lembecq, les 28 et 29 août, par les soins du gou« vernement Belge, la commission a pensé que, sans entrer dans le détail « de faits qui ne se sont pas accomplis sous sa responsabilité, elle ne pou« vait énoncer l'opinion qu'ils lui ont inspirée ;

« Elle est d'avis que le mérite du procédé de M. Melsens ne saurait « être apprécié que par des opérations pratiques continuées pendant la « durée d'*une compagne entière.*

---

(1) On remarqua avec peine que le Ministre du commerce n'eût point appelé, à faire partie de cette commission, M. Crespel-Dellisse, le doyen des fabricans de sucre, le créateur de l'industrie sucrière en France, celui dont les opinions sont consignées dans toutes les enquêtes, dont le nom est cité partout et qui a rendu les plus éminens services à la sucrerie indigène. C'est là un bien fâcheux oubli...

« Elle a constaté d'ailleurs que le procédé peut être mis en usage dans
« toutes les fabriques, sans *changement notable* dans les appareils actuels. »

Une réflexion se présente tout d'abord à la pensée, en voyant à quels
résultats négatifs a abouti jusqu'ici cette affaire à laquelle le rapport de
M. le ministre de l'agriculture et du commerce avait donné des proportions si colossales. Il eût été désirable qu'au lieu de préjuger ainsi la question, on eût interrogé le passé, examiné les projets offrant de l'analogie
avec celui de M. Melsens, et prescrit des expériences comparatives dont les
résultats bien et dûment constatés eussent permis de donner satisfaction à
toutes les prétentions. Il était aussi bien essentiel pour l'industrie sucrière
que le gouvernement ne prît point de demi-mesure et ordonnât que les expériences se fissent manufacturièrement et très complètement, aussi bien
dans les ateliers des fabricans indigènes, que dans les usines centrales aux
colonies. De cette manière il eût évité aux fabricans, aux ouvriers, au
commerce, à l'agriculture et à l'industrie en général, les inquiétudes qui
ont momentanément arrêté l'essor que les affaires avaient repris, depuis
quelques mois. Le retour à la sécurité n'est dû qu'au bon sens public
qui, ainsi que je l'ai déjà dit, violemment surpris un jour, n'a pas tardé
à se remettre et à faire justice des exagérations auxquelles s'était laissé
prendre jusqu'au gouvernement lui-même.

De ce qui précède, il résulte que la question si compliquée des sucres
est entrée dans une phase toute nouvelle sans qu'il soit encore possible de
prévoir quelle sera l'influence que l'application du procédé *exhumé* de
Proust, Stollé, Dubrunfaud, Mège, etc, pourra exercer sur l'industrie sucrière en général. Il me paraît nécessaire, pour éclaircir la question principale, de jeter un coup d'œil sur chacun des intérêts qui s'y trouvent liés,
et d'en faire ressortir la situation, au moment même où on les croit menacés d'un bouleversement complet.

II.

L'abolition de l'esclavage a inopinément changé les conditions d'existence des colonies. En rendant la liberté aux noirs, on a transformé subitement le régime constitutif de nos établissemens d'outre-mer, et après ce grand acte humanitaire qui a été suivi d'un autre acte de justice, le paiement de l'indemnité au colons, il reste au gouvernement à compléter la réorganisation des colonies par des réformes politiques et administratives. Je n'ai point à examiner la portée et l'étendue des unes et des autres ; mais il n'est pas douteux que l'on songe à pourvoir de lois et d'institutions nouvelles nos établissemens coloniaux. L'organisation du travail en est la première condition de vie, et déjà l'immigration des populations libres qui s'exécute mieux qu'on aurait pu l'espérer, assure les moyens d'en résoudre les difficultés.

Maintenant, et dans l'hypothèse que ces faits primordiaux s'accomplissent sans désordre et sans ébranlement, admettant l'empire de la législation nouvelle fortement établi partout, quelles seront pour nos établissemens transatlantiques les meilleures sources de richesses et de prospérités ?

Si je ne me fais pas illusion, si j'en dois croire des hommes éminens, consommés dans la pratique des affaires, des économistes distingués, des officiers généraux, d'anciens gouverneurs, des administrateurs renommés, des négocians et des colons enfin, nul doute ne saurait s'élever à ce sujet, dans aucun esprit éclairé. Tout s'y régénère en ce moment : législation politique, fiscale, administrative, commerciale, industrielle et financière. Il faut par un mouvement analogue que les intérêts matériels s'y transforment de même, afin d'effacer, dans l'avenir, ce triste passé des colonies, qui ne rappelle que les charges dont elles ont pesé sur la métropole.

Comment arriver à cette transformation avec des populations nouvelles fournies d'une part par les Noirs rendus à la liberté, et d'une autre par les ressources de l'immigration ? Il ne peut y avoir d'hésitation sur la première et principale condition à obtenir, *la liberté du commerce*. Puis, la reprise

Colonies.

2

des cultures naturelles au sol : le café, le coton, le girofle, le rocou, l'indigo, le poivre, le piment, la gomme, etc.

Est-ce à dire pour cela qu'il faille renoncer à la canne à sucre? Évidemment non. Mais que les populations nouvelles ne s'y trompent pas! alors même que le procédé Melsens y dût réaliser les prodiges annoncés, c'est-à-dire doubler le rendement de la canne, qu'elles se posent cette simple question! Cette hypothèse admise, quelle sera pour la prospérité des colonies la conséquence de cet accroissement subit de production? Les chiffres la résoudront avec leur logique inexorable.

Les statistiques officielles portent la production du sucre de nos colonies au *maximum* de 80 millions de kilogrammes. Ce sera donc le double de cette quantité, c'est-à-dire 160 millions de kilogrammes qu'elles seront en mesure de fournir annuellement à la consommation de la France. — Or, cette consommation, d'après les mêmes documens officiels, ne dépasse pas le chiffre de 120 millions de kilogrammes pour lesquels le sucre indigène peut entrer moyennement dans la proportion de 50 à 60 millions.—C'est donc tout d'abord un nouveau débouché qu'il faudra créer à cet énorme excédant de la production coloniale, sans compter que le même procédé aura également accru d'un tiers le rendement de la betterave, soit 30 millions, qui, joints aux 80 millions du sucre de canne, porteront à 110 millions la surabondance de la production coloniale et indigène sur le chiffre normal de la consommation. Une telle situation, s'il était possible qu'elle dût se produire, aurait pour conséquence nécessaire, immédiate, de rompre l'équilibre indispensable entre la production et la consommation, et d'occasionner un encombrement de sucre sur le marché français.—Le résultat inévitable d'un tel état de choses serait une baisse générale des prix, c'est-à-dire une ruine certaine pour les producteurs d'outre-mer.

En ce sens donc la découverte Melsens, si elle était réelle, serait pour les colonies un présent funeste; et, je le répète, le seul moyen pour elles de redevenir florissantes, c'est de reprendre les cultures essentiellement propres à leur sol, et d'obtenir la liberté commerciale. Qui ignore d'ailleurs que d'ici longtemps la canne ne pourra atteindre le chiffre normal de sa production annuelle?

III.

Est-ce bien sérieusement que les ports de mer, à la nouvelle de la dé- Ports de mer.
couverte du procédé Melsens, ont poussé des cris de joie et entonné des
chants de triomphe? Est-ce bien sincèrement qu'ils ont salué de leurs
acclamations sympathiques cet agent mystérieux destiné à doubler le rendement du sucre, et, par une conséquence logique, à augmenter propor-
tionnellement la navigation coloniale? Ce serait se faire illusion que de
le croire, et je ne pense pas que, dans ces manifestations extérieures, il
faille voir autre chose qu'un de ces mille et un moyens employés par des
adversaires si souvent déçus, pour jeter la terreur dans le camp ennemi.
Souvenons-nous du passé, et qu'il soit toujours devant nos yeux comme un
avertissement salutaire qui nous aide à prévenir, et, au besoin, à com-
battre une hostilité toujours active et vigilante.

Assurément ce n'est pas moi, né dans une ville maritime, bercé toute
ma vie dans des idées de marine, compagnon et secrétaire intime, pendant
de longues années, d'un illustre amiral que j'ai suivi dans ses expéditions
glorieuses et dont j'ai été le chef de cabinet, quand il dirigea, à deux
reprises différentes, le ministère de la marine; ce n'est pas moi, dis-je,
appuyé sur de tels antécédens, qu'on pourra accuser d'éloignement pour
les intérêts de la marine marchande, que je regarde comme étroitement
liés à la puissance navale du pays.—Non, cela ne peut pas être, et mes sympathies les plus vives resteront à jamais invariablement attachées à l'élé-
ment maritime en France.—J'avais besoin de faire cette profession de
foi pour pouvoir proclamer avec plus de liberté, d'autorité peut-être, la
vérité sur les prétentions exagérées des ports de mer.

Je n'entrerai pas dans les détails de leurs alliances si souvent rompues,
reprises et abandonnées avec les colonies. Les preuves de cette versalité
sont nombreuses, et je pourrai citer des déclarations et des pétitions des
chambres de commerce des ports, à différentes époques, desquelles il
résulterait que : « Les colonies ne sont pas essentielles au commerce ma-

« ritime ; qu'une nation peut n'avoir pas de colonies et faire néanmoins
« un commerce très-étendu ; que les Antilles sont ruineuses pour la métro-
« pole qui ne saurait les protéger désormais comme par le passé, sans
« péril pour le Trésor, etc., etc. » (Suivent l'énumération et les chiffres des
dépenses qu'elles coûtent, puisés dans les budgets de la marine.)

Si l'on rapproche de ces termes si absolus l'exaltation enthousiaste que
ces mêmes ports montrent aujourd'hui pour les colonies, il sera patent aux
yeux les moins clairvoyans que cette joie n'est que factice et qu'elle cache
mal une arrière-pensée. Je l'ai pénétrée, je crois, quand j'ai dit plus
haut : qu'on ne voulait qu'effrayer et ébranler la sucrerie indigène. Le
piège découvert, il est facile de l'éviter.

Mais entrons plus profondément dans l'examen de la situation actuelle
des ports de mer. — Quelle est donc la question dominante pour eux ?
Évidemment c'est la question des armemens. — Ces armemens ont-ils
diminué ou augmenté ? Voilà le point qu'il faut éclaircir. Rien de plus
simple et de plus facile. Les discours et les raisonnemens à perte de vue
sont ici tout-à-fait inutiles. La solution de la question est dans les chiffres
énoncés au tableau comparatif des importations et des exportations de nos
principales marchandises pendant les neuf premiers mois 1849, 48, 47,
publié dans le *Moniteur* du 20 de ce mois, et qui constate une amélioration notable dans le mouvement de notre navigation commerciale,
ainsi qu'on le voit ci-après :

A L'ENTRÉE.			A LA SORTIE.		
ANNÉES.	NOMBRE.	TONNAGE.	ANNÉES.	NOMBRE.	TONNAGE.
Navires français.					
1849.	5,675	642,436	1849.	5,406	587,806
1848.	5,897	596,806	1848.	4,541	497,627
1847.	5,722	663,604	1847.	4,896	532,714
Navires étrangers.					
1849.	6,149	818,966	1849.	5,256	547,786
1848.	5,359	939,807	1848.	4,555	500,555
1847.	10,560	1,435,128	1847.	5,824	643,084

La comparaison entre 1848 et 1849 fait ressortir une augmentation en nombre de navires et en tonnage pour cette dernière année. Les chiffres de 1847 n'ont pas été encore atteints, il est vrai; mais que l'on se souvienne des désastres de 1848, et on restera convaincu que les résultats obtenus dans les armemens de 1849 attestent un progrès inespéré et qui répond victorieusement aux clameurs incessantes des ports marchands !

Voyons, d'ailleurs, quelle est en réalité l'importance des armemens que la production du sucre colonial entretiendrait, le rendement de la canne étant doublé, c'est-à-dire le sucre porté à 160 millions de kil. au lieu de 80 millions, chiffre *maximum* auquel on a porté la production jusqu'à présent, quoiqu'elle ait été en 1843 de 90,958,000 kil., en 1844 de 88,382,000, en 1847 de 87,326,000, mais il est resté bien inférieur dans les autres années, et en 1848 il n'a été que de 48,257,000 kil. Soit donc, en moyenne adoptée, 160 millions de kilogrammes.

Pour résoudre la question du nombre de navires et de marins qu'emploierait le transport de ces 160 millions de kilogrammes, il faut d'abord connaître le chiffre du tonnage moyen des navires, la quantité de matelots nécessaire pour la manœuvre, et le nombre de voyages que peut faire chaque navire dans les colonies (je n'entends ici que les Antilles).

Des bâtimens jaugeant moyennement 300 tonneaux à 10 hommes d'équipage et deux voyages, sont en général les termes moyens auxquels les hommes les plus compétens se sont arrêtés. Or, ces bases étant adoptées, 160 millions de kilogrammes divisés par 300 donnent 533 voyages un tiers, qui, divisés encore par 2, donnent pour le nombre de navires 266 deux tiers, et pour personnel à 10 hommes 2,662, et pour chiffre rond 2,670 hommes.

Ainsi donc c'est 266 navires et 2,670 marins qu'il faut pour effectuer le transport de ces 160 millions de kilogrammes de sucre.

Or, on le voit, ces chiffres, portés en regard de ceux qui figurent dans le tableau ci-dessus, sont trop minimes pour qu'on puisse en inférer qu'ils exercent une influence décisive sur nos destinées maritimes. Encore dois-je faire observer que je n'ai porté qu'à 2 le nombre de voyages de chaque bâtiment, quand il y a toute probabilité que ce nombre s'élèvera souvent à 3 ?

Mais je veux m'en tenir à ces seuls documens pour démoutrer que la prospérité des ports de mer ne saurait dépendre des éventualités qui peuvent influer sur la question des sucres. Car on dirait vraiment, à entendre les plaintes qui en viennent, qu'excepté cette denrée, il n'y a aucun autre aliment possible pour notre commerce maritime. C'est plus qu'une erreur, c'est une preuve d'ignorance qui contraste déplorablement avec l'expérience et les lumières du temps. — Est-ce que les Etats-Unis ont des colonies? — Et cependant les navires de commerce de cette puissance sillonnent toutes les mers et ont des débouchés partout où le génie de la spéculation a pénétré et a su créer d'utiles et fructueuses relations. Pourquoi donc la France, si active, si intelligente, si industrieuse, négligerait-elle de se répandre, comme les nations commerçantes ses rivales, sur tous les points du globe où elle serait assurée de placer avec avantage ses produits si variés et si recherchés, ses blés, ses vins, ses eaux-de-vie, ses tissus de soie, de coton et de laine, ses draps, ses toiles, ses peaux ouvrées, ses papiers peints, ses verreries, ses objets de chapellerie, de tableterie, de joaillerie, de modes, de nouveautés, etc., etc., etc.? en retour desquels ses navires lui rapporteraient des bois de construction et autres de toute nature qui lui manquent, des houilles, des fers, des cuivres, des cotons, des soies, des laines, du café, de l'indigo et mille autres marchandises de trafic qui trouveraient un débit sûr et prompt sur nos places de commerce. Alors, oh alors! la marine marchande, ouvrant ainsi au pays toutes les sources des richesses, s'élèverait réellement à la hauteur de sa mission et pourrait, à bon droit revendiquer pour elle l'honneur et la gloire de marcher à la tête des industries nationales.

On le voit donc bien, les ports de mer n'ont pas que les sucres pour alimenter la navigation commerciale, et, quand ils voudront, maîtres partout, ils pourront déployer brillans, à côté du pavillon national, les symboles de la prospérité et de la fortune.

IV.

Après la révolution de février 1848, il était impossible que les affaires Sucrerie indigène. reprissent leur cours sans garder trace de la secousse qui les avait si profondément ébranlées. La sucrerie indigène surtout, récemment atteinte par la dernière loi fiscale, fléchissant sous cette charge exorbitante, et placée sous le coup d'incessantes menaces d'agravations plus fortes encore, devait plus que toute autre industrie se ressentir de la commotion générale. Toutefois, luttant avec énergie contre les difficultés du temps, elle rentrait peu à peu dans sa voie normale, lorsque tout à coup éclata la nouvelle de la découverte de M. Melsens..... Le cachet ministériel qui scellait la fatale annonce excluait toute espèce de doute, et une grande agitation vint compromettre de nouveau la marche dans la voie d'amélioration où l'on venait à peine de faire quelques pas encore incertains.

Frappé, comme tout le monde, de l'assertion officielle, j'admis le fait avec le caractère d'infaillibilité qu'elle lui donnait; et la pensée des dangers dont la fiscalité menaçait la sucrerie indigène, fit place, dans mon esprit, à des craintes plus sérieuses encore, car elles laissaient entrevoir, dans un avenir prochain, la destruction complète de cette grande et puissante industrie. Je dus chercher à m'éclairer sur la réalité de ce danger par tous les moyens qui étaient en mon pouvoir, et je pus me convaincre bientôt, par des calculs rigoureux établis sur des documens authentiques : que, dans l'hypothèse même la plus favorable à l'adoption du procédé Melsens, les fabricans indigènes n'avaient à redouter aucune des catastrophes prédites, et qu'ils étaient assurés de fabriquer comme par le passé.

Si je pouvais penser un instant que l'on pût douter de mes assertions, je reproduirais ici les déclarations des deux meilleurs juges de la question, qui, dans l'enquête de 1828, affirmaient déjà : l'un, M. Crespel Dellisle, page 131, que le prix de revient du sucre fabriqué dans ses établissemens ne dépassait pas 86 centimes le kilogramme; et le second, M. Blanchet, page 142, qu'il fabriquait à 80 c. le kil.

Qu'on se reporte à l'époque à laquelle ces déclarations ont été faites, et l'on se persuadera facilement que les améliorations de toute nature qui ont pu être introduites depuis dans la fabrication du sucre, permettent de croire qu'il est possible d'établir les prix de revient en 1849, peut-être à moins de 80 centimes, et à ce prix, assurément, quel que soit le chiffre de l'impôt, les fabricans doivent trouver un bénéfice suffisamment rémunérateur !

Tranquillisé donc sur ce point essentiel, je pus avec plus de liberté d'esprit examiner tous les côtés de la question, et voici les impressions qui me restèrent à la suite de cet examen :

L'extension de la consommation du sucre me sembla la première et indispensable conséquence de l'adoption d'un procédé qui en accroîtrait tout d'un coup, et dans des proportions si considérables, la production. Cet accroissement, sans préjudice pour la sucrerie indigène, porterait un coup mortel à la sucrerie coloniale, ainsi que je l'ai démontré plus haut, et causerait dans les finances de l'Etat un déficit que la situation actuelle du Trésor ne pourrait admettre sans de graves inconvéniens.

Ces conséquences inévitables que j'entrevis dans le succès possible du procédé Melsens perdirent peu à peu leurs formes menaçantes, et une autre conviction se fit jour dans mon esprit. En dévoilerai-je ici la nature? Si j'hésite .. c'est qu'il me paraît toujours difficile d'admettre que l'on appelle à soi les écarts de l'imagination pour frapper ou effrayer de loyaux adversaires. Quoi qu'il en soit, il fut bientôt évident pour moi, comme pour tout le monde, que la découverte tant vantée n'était, ainsi que beaucoup d'autres qui l'avaient précédée, qu'un système emprunté au passé, et très probablement destiné à tomber comme eux devant l'expérience.

Ce changement dans l'opinion fut prompt et général. On chercha des raisons au premier élan de l'enthousiasme. Les uns l'expliquaient par l'intérêt bienveillant de M. Dumas pour son jeune élève. — D'autres y trouvaient des motifs bien différens.

« Chaque fois que le pouvoir a voulu sévir contre le sucre indigène « (écrivait M. Camichel, fabricant de sucre dans l'Isère, l'un des hommes « les plus capables de bien juger la situation), on a vu surgir de nouveaux

« procédés tels que celui de M. Stollé renouvelé de M. Achard, en 1838-39 ;
« celui de la dessiccation des betteraves, puis la macération chaude de
« M. de Dombasle, en 1842 ; et enfin le système du célèbre Archbald,
« en 1844.—De tous ces projets et bien d'autres encore, que reste-t-il ?...
« Un souvenir d'amère déception et de ruine pour ceux qui y ont eu trop
« de confiance. »

M. Crespel Dellisse, la plus grande autorité sans contredit en cette matière, écrivait ainsi :

« Le procédé Melsens, ne serait-il pas, comme j'ai lieu de le croire, une
« répétition de celui de M. Stollé, breveté en 1858, comme auteur d'une
« découverte ayant pour objet l'emploi du bisulfite de chaux dans la fabri-
« cation du sucre, entraînant la suppression du noir animal ? Si c'est
« cela, il n'y aurait rien de neuf dans le système de M. Melsens, dont on a
« sans doute fort exagéré l'importance. »

Je pourrais citer beaucoup d'autres lettres semblables quant au fond, et
une foule d'articles de journaux de Paris et de Bruxelles dans lesquels on
trouve un jugement anticipé dans le même sens. Tout devait donc rassurer
les fabricans indigènes, et moi-même répondant à M. Denis, secrétaire du
comité central des fabricans de sucre du Nord et du Pas-de-Calais, je n'hé-
sitai pas à me prononcer sur la question qu'il m'adressait à ce sujet :

« Je crois que vous gagnerez la campagne 1850-51 avec le *statu quo* ou
« des compensations si la force des choses conduit à des modifications es-
« sentielles. » (Lettres du 28 juillet 1849.)

Le lendemain, je lui écrivais encore :

« Je viens de voir M. Blanquet : c'est, dans l'affaire qui nous occupe, un
« des hommes les plus compétens, qu'il faut écouter et croire. Son lan-
« gage se concilie de tous points avec ce que je vous ai écrit. Je crois donc
« plus que jamais que la campagne 1850-51 n'aura rien à redouter de
« l'agent nouveau dont l'annonce a causé tant d'émotion. »

Tel était l'état des esprits avant les expériences.

On a vu, par le rapport inséré dans le *Moniteur* du 5 septembre, l'opinion
exprimée par la commission qui remettait à se prononcer définitivement

après des essais pratiqués plus en grand et pendant la durée d'une campagne entière.

Le doute gagna de plus en plus, et les hommes les plus considérables appartenant à la science et à l'industrie se prononcèrent sur les destinées du procédé. M. Payen, qui, dans son admirable Précis de chimie industrielle, publié il y a quelques mois, nous a initiés aux secrets les plus intéressans de la fabrication du sucre, et que nous devons considérer comme l'un des meilleurs juges de la question, émit à la séance du 29 août dernier de la Société d'agriculture diverses hypothèses sur la découverte nouvelle et l'influence qu'elle pouvait être appelée à exercer sur les produits de l'industrie sucrière. Il montra à la société un flacon dans lequel quelques traces d'ammoniaque avaient coloré le jus limpide et incolore que M. Melsens obtient ; et de ces observations il résultait que le dernier mot ne pouvait pas encore être dit sur ce procédé.

Il est vrai qu'un adversaire de la sucrerie indigène publia quelque temps après, dans le *Courrier du Havre*, une longue lettre, dans laquelle il se disait autorisé, par la commission et le ministre du commerce lui-même, à rassurer les colonies et les ports de mer, par la publication des merveilles incontestables de la nouvelle découverte. Mais, comment croire qu'une telle déclaration, quelque digne de confiance que soit celui qui la fait, puisse infirmer les conclusions prises par cette même commission et énoncées au *Moniteur* du 5 septembre dernier.

Une autre allégation de l'auteur de la lettre, c'est qu'en outre du procédé Melsens qui (on ne doit pas l'oublier) fait rendre aux plantes sacchariferes *la totalité* du sucre qu'elles contiennent, il en est un autre de lui connu, mais dont il ne lui est pas permis de parler encore, et qui renchérit sur le premier… Heureuse imagination ! qui va au delà même *de la totalité !*… N'est-ce pas assez pour faire justice de cette *incroyable* lettre ?…

Tout est donc encore à l'état d'incertitude au sujet de la découverte nouvelle ; et l'on voit que dans l'un ou l'autre cas, succès ou échec, les fabricans indigènes s'efforceront de faire tête à tout.

Et maintenant que j'ai raconté avec la plus scrupuleuse exactitude possible les péripéties de cette dernière période de l'histoire des sucres, je dirai aux fabricans de persévérer dans la voie qu'ils suivent, sans tenir aucun compte du langage de leurs adversaires. Ce qu'ils doivent avoir toujours sous les yeux et dans la pensée, c'est la situation de leur industrie dont la production a fléchi en 1848, mais surtout dans les huit premiers mois de 1849, par les raisons que j'ai expliquées au début de ce chapitre du sucre indigène. Comme il se pourrait que le tableau de la production et de la consommation du sucre ne fût pas connu de tous les fabricans, je le transcris ici, à titre de renseignement qu'il peut être utile de consulter.

Voici donc quelles ont été les quantités de sucre indigènes fabriqués et consommées en France depuis 1841 jusqu'au dernier août 1849.

Années.	Quantités fabriquées.	Quantités consomm.
1841.	26,842,000	27,162,000
1842.	34,294,000	35,070,000
1843.	28,445,000	29,155,000
1844.	30,565,000	32,075,000
1845.	37,019,000	55,152,000
1846.	49,115,000	46,846,000
1847.	60,169,000	52,369,000
1848.	56,281,000	48,105,000
1849 (8 mois).	14,386,000	31,079.000

On voit par les chiffres officiels portés à ce tableau que la production et la consommation du sucre indigène ont décru en 1848 et 1849. On s'en étonnera peu si l'on considère qu'elles ont cependant atteint un chiffre plus élevé que dans aucune des années antérieures à 1847, et que sous la pression des événemens et de l'élévation du droit arrivé à son apogée, c'est-à-dire, 49 fr. 50 c. les 100 kil. ; en d'autres termes, à la valeur de la denrée elle-même, il était impossible qu'elles n'eussent pas décru au-delà même (on pouvait le craindre) de cette proportion.

La question du développement du sucre en France est le sujet des recherches et des études de tous les hommes qui s'occupent d'économie politique et industrielle. Tous semblent s'accorder pour reconnaître que cette extension ne pouvait être obtenue que par une très-forte réduction du droit qui augmente si exorbitamment le prix du sucre qu'il le rend inaccessible aux classes peu aisées qui sont les plus nombreuses. Avec une population de 35 millions d'habitans, nous consommons 120 millions de kil. de sucre, tandis que l'Angleterre, dont la population ne s'élève qu'à 23 millions d'habitans, c'est-à-dire 12 millions de moins que nous, consomme 200 millions de kil. — Le seul moyen d'élever la consommation de la France au niveau de celle de l'Angleterre, et de la rendre profitable à la fois à la marine, aux colonies et à l'agriculture, serait donc d'abaisser l'impôt dans des proportions qu'on établirait cependant de manière à sauvegarder les intérêts du Trésor par cet accroissement même de la consommation qui permettrait de conserver l'équilibre dans les recettes.

V.

Trésor.

Je l'ai déjà dit, de tous les intérêts menacés par le procédé de M. Melsens, le fisc seul est resté froidement impassible à l'annonce de ce nouvel agent de perturbation. Probablement parce qu'il n'y croyait pas, car il porterait plus de trouble encore dans les finances de l'état que partout ailleurs.

Examinons quelle pourrait être son influence sur les revenus du Trésor, le procédé mettant, comme on l'a dit, la fabrication du sucre à la portée de tout le monde, riches et pauvres : elle cesserait dès-lors de rester concentrée dans nos grands établissemens manufacturiers, et s'étendrait jusqu'aux fermes et aux plus humbles ménages. Ici, je l'avoue, la question me semble se compliquer de difficultés inextricables. Comment en effet ne pas être effrayé de la multiplicité des rouages qu'il faudra combiner pour établir à la porte de chaque maison où l'on voudra fabriquer son sucre, la surveillance nécessaire pour assurer les recettes du Trésor ? J'ai exposé les conséquences qui, dans ma conviction, doivent résulter pour les colonies, les ports de mer et la fabrication indigène, de l'introduction du procédé nouveau dans l'industrie sucrière. Il y a là des inconvéniens et des avantages qui, dans une certaine mesure, pourront se contrebalancer. Mais il n'en saurait être de même des intérêts du Trésor qui ne peuvent courir aujourd'hui les chances de la moindre perte.

Il est facile de juger du premier coup-d'œil des embarras qui surgiront pour le cabinet. Pourra-t-il, avec la même promptitude que mettra l'agent chimique à faire irruption, être prêt à soumettre à l'Assemblée une nouvelle loi financière portant établissement d'une nouvelle assiette de l'impôt, mesure des plus grave qui exigera des études profondes ; car tout, dans la législation des sucres, sera à modifier, à changer même ; classification des types, tarifs, mode de perception, exercice, administration, etc. ? On peut aisément saisir l'enchaînement de tous ces rouages, et reconnaître que le premier anneau tombé, tous les autres échappent à l'engrenage qui les lie et les retient.

Or, croit-on que le gouvernement, dans un moment de crise financière si critique, souscrive au sacrifice d'un revenu de plus de 60 millions par an ? Il ne le peut pas ; il ne le fera pas, et dans la déplorable situation de nos finances, l'Assemblée législative d'ailleurs, dont l'un des premiers devoirs est d'assurer les ressources du trésor, ne décréterait certainement aucune loi semblable, avant d'avoir pourvu au danger extrême qu'amènerait inévitablement à sa suite le nouveau déficit suspendu au bisulfite de chaux de M. Melsens.

L'industrie betteravière rencontre donc un nouveau motif de sécurité et de confiance dans la question financière. Le trésor est gardé par l'œil éternellement ouvert du fisc, qui ne peut vivre que par l'équilibre indispensable entre les ressources et les charges de l'Etat. Et voilà sans doute le secret de l'impassibilité dont je parlais tout à l'heure.

Les fabricans de sucre indigène peuvent donc encore, de ce côté, bannir toute crainte et toute inquiétude.

VI.

Résumé
de
ce qui précède.

J'ai tracé aussi exactement qu'il m'a été possible la situation et les phases nouvelles de la question des sucres, depuis l'annonce de la découverte Melsens, jusques et après les expériences, sans me préoccuper des passions qui animent les intérêts opposés qui s'y trouvent en lutte.

Je n'ai pas nié que la canne à sucre pût atteindre un rendement double de celui qu'elle a produit jusqu'à ce jour ; mais j'ai déclaré en même temps que j'entrevoyais, dans cet excès de la production sur la consommation, une cause logique de l'avilissement des prix de vente, qui ne pourrait qu'être funeste aux colonies, dont les élémens de prospérité ne sont désormais que dans la liberté commerciale et la reprise de leurs anciennes industries.

J'ai démontré avec la même évidence que les ports de mer qui ne voient, pour le moment, qu'un question de frêt, dans ce double rendement de la canne, ne pourraient inspirer aucune confiance aux intérêts coloniaux qu'ils abandonneraient demain pour les sucres étrangers, si ceux-ci leur offraient demain de plus grands avantages. J'ai indiqué pour eux des sources plus sûres de fortune dans des relations sagement combinées avec tous les points commerçans de la carte maritime.

Je n'ai pas dissimulé la gravité de la situation pour les intérêts du trésor, déjà si compromis par tant d'autres causes extrêmes, et j'en ai conclu que les fabricans de sucre devaient trouver dans cette situation même de nouveaux motifs de sécurité.

Enfin, en ce qui touche à la sucrerie betteravière, j'ai puisé, non pas dans de vaines déclamations, mais dans des faits matériels et irrécusables, les preuves nombreuses qu'elle traverserait victorieuse cette phase de troubles et d'orages, et que nulle révolution dans l'industrie sucrière quelle qu'elle fût, ne pourrait l'empêcher de subsister et de produire.

Ces points m'ont paru nécessaires à établir avant d'entrer dans l'analyse et l'examen de l'article que M. Melsens a publié dans le *Moniteur universel*, article d'une haute importance dans le débat ouvert entre les intérêts que l'annonce du procédé nouveau a tant surexcités, et que je ne pouvais, dans

ma position de représentant de la sucrerie indigène, laisser passer inaperçu
et sans observations.

VII.

J'aborde maintenant cet article publié sous le titre de :

NOUVEAU PROCÉDÉ

POUR L'EXTRACTION DU SUCRE DE LA CANNE ET DE LA BETTERAVE.

Par M. MELSENS,

Professeur à l'école de médecine-vétérinaire et d'agriculture de l'état à Bruxelles, Membre
correspondant de l'Académie royale de Belgique, de la Société Philomatique de Paris, etc., etc.

Le premier sentiment que l'on éprouve après la lecture de ce long et
très remarquable article, qui n'est cependant qu'un extrait d'un travail
plus étendu, c'est de rendre à celui qui l'a écrit le tribut de justice auquel il a droit. M. Melsens n'est pas seulement un chimiste distingué, un
professeur habile, c'est encore un écrivain de mérite, et sa publication en
fait foi. Il ne se cache pas sous une modestie puérile et ridicule : il nous
dit tout carrément, après un exposé de ses théories pour arriver aux
moyens pratiques : «... C'est ce que je vais examiner, en me fondant sur
« mes expériences, *sans exagération*, mais aussi *sans timidité*. » Et ces sim-
ples paroles lui attirent les sympathies de ceux-là mêmes qui, par devoir
et par conviction, ne peuvent partager l'optimisme de ses amis et de ses
partisans.

Ainsi connu et apprécié, **M.** Melsens ne verra, je l'espère, dans les réflexions ou les observations qui suivent, nulle intention de dénigrement
envers lui, assurément bien éloignée de ma pensée.

On ne pourra bien juger le fait capital qu'il faut chercher à découvrir
dans le travail de M. Melsens, qu'en reproduisant tout d'abord les termes
mêmes du rapport du ministre de l'agriculture et du commerce. Le point
de départ pour nous est là. J'ai déjà cité, au début de cet écrit, un passage
de ce rapport. Je crois nécessaire de le reproduire ici dans son entier.

Revue
des
intérêts analogues.

A M. le Président de la République.

Paris, le 21 juillet 1849.

« Pendant que les révolutions agitent le monde politique, les arts indus-
« triels, éclairés par les lumières de la science, poursuivent le cours de
« leurs conquêtes pacifiques. La découverte dont j'ai à vous instruire, en
« est un *exemple éclatant*.

« Un chimiste belge, élève de M. le professeur Dumas, vient de *découvrir*
« un mode de traitement de la betterave et de la canne, qui permet de
« retirer de ces végétaux, *la totalité* du sucre qu'ils contiennent, et d'ob-
« tenir le sucre de *qualité supérieure, sans faire emploi des appareils compli-
« qués et dispendieux employés soit à la fabrication du sucre de betterave,* soit
« aux opérations *du raffinage.*

« Si cette découverte *hautement proclamée* par des hommes de science
« dont le témoignage paraît irrécusable, réalise les *effets merveilleux* qu'elle
« fait espérer, le rendement de la betterave serait augmenté d'un tiers et
« celui de la canne de moitié ; et, de plus, les *appareils autres* que ceux
« propres à la trituration et à la défécation *deviendraient inutiles.*

« En présence de cette révolution imminente, toutes les opérations in-
« dustrielles qui se rattachent à la production et à la fabrication des sucres,
« sont arrêtées et le mouvement de ces affaires ne pourra renaître qu'après
« que l'opinion publique sera éclairée sur le mérite des nouveaux procédés
« de fabrication. C'est dans cette situation que *l'inventeur* a fait offrir au
« Gouvernement la *cession de sa découverte* qui pourrait être mise *de suite*
« dans le domaine public.

« Vous penserez sans doute qu'il n'est pas possible de laisser en suspens
« des questions qui touchent à la fois et très-gravement aux intérêts du
« Trésor et à ceux de l'agriculture, des colonies et de la marine ; c'est dans
« cette conviction que j'ai l'honneur de vous proposer de faire constater
« *officiellement* les *résultats annoncés* de la nouvelle méthode, et d'appeler
« à cette constatation des hommes éminents dans la science, ou engagés

« dans les opérations industrielles et commerciales dont les sucres sont
« l'objet.

« Si les expériences sont favorables à l'*inventeur*, je vous proposerai de
« soumettre à l'Assemblée législative un projet de loi qui aurait pour
« objet d'acquérir pour le compte de l'État, et de faire tomber dans le
« domaine public l'invention de M. Melsens. » (Suit la proposition pour la
formation de cette commission.)

Il était impossible de caractériser avec plus de force et la propriété de la
découverte et l'infaillibilité de ses mérites :

Le procédé fait rendre la *totalité du sucre* contenu dans la canne et dans
  la betterave;

Le sucre obtenu est de *qualité supérieure;*

Les appareils du raffinage sont *supprimés;*

L'inventeur offre au Gouvernement la cession de sa *découverte;*

Cette *découverte, hautement proclamée* par des hommes de science dont le
  témoignage est irrécusable, pourra être mise *de suite* dans le domaine public.

En vérité, après de telles assertions partant de si haut, on se demande
pourquoi la formation d'une commission ? C'était sans doute une simple
garantie *pro formâ.* La cause paraissait entendue et le jugement porté :
M. Melsens allait, non-seulement recevoir la décoration de la Légion-
d'Honneur, mais encore une pension viagère d'un chiffre élevé, reversible
par portion, sur sa femme et ses enfans, et, de plus, une somme dont on
ne faisait pas mystère.

Et, il faut être juste, il n'y aurait eu sans doute nulle exagération dans
la concession de toutes ces récompenses qui eussent attesté la grandeur et
l'importance de la découverte, si les merveilles annoncées eussent reçu leur
sanction de l'expérience. Mais les essais exécutés devant la commission
démentirent ces brillantes promesses : et, on a vu, par le rapport inséré
au *Moniteur* du 5 septembre et cité plus haut, à quel ajournement, en
quelque sorte indéfini, il a été conclu à ce sujet.

C'est là un résultat assurément inattendu et qu'on ne saurait attribuer à
aucune sorte de prévention, ni de partialité : ce témoignage est donc déci-

sif, pour le moment, et si l'on pouvait en douter, on pourrait en appeler à un autre non moins authentique. C'est celui de l'auteur lui-même, qu'il a déposé dans les colonnes du *Moniteur*, et qui se résume en ces mots tristes et froids comme la glace :

« *L'avenir* prononcera, dit-il; *j'attends* son jugement avec confiance. Le « bisulfite permettant au manufacturier de faire tout ce que le chimiste fait « avec de l'alcool. »

Et plus loin : « si, contre *toute attente*, les fabricans de sucre indigène « ne trouvaient aucun bénéfice à l'emploi de *mon procédé*, je ne puis pas « croire que son influence sur l'extraction du sucre dans nos climats fût « annulée pour cela.

Et puis encore : « Je suis *fort loin de croire* que le procédé auquel je me « suis *arrêté*, après bien des tâtonnemens, soit *le meilleur*, soit surtout *le seul* « qu'on puisse mettre à profit. »

Et enfin, rentrant lui-même dans la pensée de la commission : « Pour « juger de la valeur d'un système nouveau dans une fabrication comme « celle du sucre, il faut *une campagne* ou au moins des expériences faites à « diverses époques de cette campagne et convenablement échelonnées. »

Il y a toute la distance qui sépare un pôle de l'autre entre ce langage si incertain du présent, et implorant l'avenir, et les assurances si positives de M. Lanjuinais annonçant une révolution complète dans l'industrie sucrière, par le seul fait de la découverte merveilleuse venant aboutir ainsi, si non à un échec à tout jamais (je suis loin de le croire) du moins à un ajournement qui permet aujourd'hui à tous les intérêts de se remettre d'une première et fâcheuse impression.

Nous venons de voir avec quelle circonspection l'auteur lui-même s'exprime sur son procédé dont l'avenir seul peut révéler les mystérieux résultats. Voyons ce qu'il pense encore de la découverte, en tant qu'elle puisse être considérée, sous la garantie même de son brevet, comme sa propriété personnelle indisputable et inviolable.

« Avant de terminer, dit M. Melsens, qu'il me soit permis de rappeler, en « peu de mots, les travaux des savans ou des industriels, qui, à ma con- « naissance, *m'ont précédé* dans la voie où je me suis engagé.

« C'est à Proust que nous avons tous emprunté notre point de départ ;

« C'est Drapiez, qui, en 1811, essaya l'emploi de l'alcide sulfureux ;

« Papère, qui, en 1812, se servit du même acide ;

« Jordan de Haber qui employa indistinctement l'acide sulfureux, et
« l'acide sulfurique ou la chaux ;

« M. Boutin qui prit un brevet pour le sulfite d'albumine, en 1846 ;

« Enfin, en 1848, M. Mège qui en prit également un pour l'emploi de
« l'alcide sulfureux et du sulfure du calcium ;

« Dans cette rapide énumération, j'ai omis à dessein, dit M. Melsens,
« deux brevets très-détaillés sur l'emploi de l'alcide et des sulfites ; l'un, de
« M. Dubrunfaut, en 1829 ; l'autre, de M. Stollé, en 1838 ; . . . . .

. . . .

« Du reste, ajoute-t-il, en terminant, loin de moi la pensée de revendi-
« quer les principes du mutisme appliqué à la canne et à la betterave à
« sucre. — Je reconnais qu'ils appartiennent tous à Proust, et que nous
« n'avons fait que le suivre. — *Il restait quelque chose à faire pour rendre*
« *pratique* l'idée heureuse et originale de ce grand chimiste, en ce qui con-
« cerne le sucre de la canne et de la betterave ; si j'y suis parvenu, que
« tout l'honneur en revienne à Proust. »

Voilà les aveux de M. Melsens lui-même sur le fait de la découverte, de
l'invention. Il est bien loin d'en revendiquer le mérite. « *Il restait quelque chose à faire.* » — Ce quelque chose il l'a cherché... L'a-t-il trouvé ?
L'*avenir*, a-t-il dit, l'*apprendra*. — Mais ce quelque chose n'a-t-il pas été
cherché par d'autres que par lui ? Ni M. Dubrunfaut, ni M. Stollé, ni
M. Mège, ni M. Huard, ni d'autres encore ne renoncent à la prétention d'avoir
parcouru la voie dans laquelle est venu s'engager à son tour *après eux*,
M. Melsens ; et chacun garde la conviction qu'il y a trouvé *ce quelque chose*.

M. Stollé, à cet égard, est venu de pays étranger jusqu'en France sur le
bruit qui lui était parvenu qu'un autre jeune savant comme lui obtenait
un grand succès pour une œuvre qu'il a cru devoir revendiquer comme
sienne propre. Il a développé ses raisons et ses preuves à cette prétention,
dans un mémoire qu'il a adressé à M. le ministre de l'agriculture, et auquel il a joint une brochure publiée en 1838, et dans laquelle MM. Dumas,

Jabrun et Payen, sont cités comme ayant constaté dans des rapports officiels que ce jeune chimiste avait obtenu à la manufacture de Pontoise
de beaux produits en sucre par l'emploi du bisulfite, bien que ses expériences eussent eu lieu dans des conditions les plus défavorables. M. Melsens,
en citant M. Stollé qui prit à cette époque un brevet, aujourd'hui périmé,
s'abstient de discuter ce brevet tombé dans le domaine public. — Il n'entre
ni dans mes intentions, ni dans la nature des devoirs que j'ai à remplir
vis-à-vis de mes commettans, de m'ériger en juge entre ces deux préten-
dans. Je crois seulement qu'il est utile de donner ici cette indication, afin
que le gouvernement, instruit du fait, puisse, s'il le juge convenable, le
faire constater et se trouver dispensé, s'il est reconnu tel, de payer chère-
ment ce qu'il peut obtenir pour rien.

M. Mège a adressé récemment à l'académie un mémoire qui peut être
considéré comme le dernier travail fait sur le sucre : cette notice, pour
l'examen de laquelle l'académie a nommé une commission, porte le titre
suivant :

DES MOYENS D'EXTRAIRE LE SUCRE

SANS FORMATION DE MÉLASSE,

Par M. MÈGE, lauréat de l'École de chimie-pratique, premier prix des hôpitaux de Paris.

J'ai eu communication de ce mémoire intéressant qui embrasse la fabrication du sucre dans son ensemble, et je crois devoir en donner la subs-
tance.

M. Mège recherche, pour les détruire, les élémens d'altération qui
naissent dans toutes les phases de l'opération. Le mutisme et la défécation
se présentent d'abord : le jus, sorti des cellules, s'altère immédiatement
en formant du mucilage, de l'ulmine, de l'acide lactique, etc. Pour empêcher cette fermentation, on a depuis long-temps essayé l'emploi de l'acide
sulfureux, des sulfites et bisulfites. M. Mège a même employé ce dernier
composé dans des conditions particulières et très-énergiques, en char-

geant le végétal saccharifère de gaz sulfureux neutralisant le jus et com-
plétant par du sulfure calcique l'action du bisulfite de chaux qui se produisait à l'état naissant. Ce procédé, assure-t-il, donne des résultats bien
plus décisifs que le bisulfite seul et à l'état formé; mais ayant observé
que, contrairement à l'opinion reçue, un corps avide d'oxigène n'était pas
nécessaire pour produire cet effet, et que d'ailleurs certains acides et leurs
sels de chaux naissans, étaient des agens de mutisme et de défécation
très-puissans, il étudia cette opération à ce nouveau point de vue, et il
s'assura par des essais positifs que les mêmes acides dont les inconvéniens
nombreux avaient fait rejeter l'emploi, devenaient des agens sûrs,
énergiques, quand on les employait dans certaines conditions, et c'est sur
ces observations que sont fondés les moyens qu'il emploie maintenant de
préférence.

Arrivant à l'évaporation par le feu (l'évaporation spontanée que propose
M. Melsens paraît à M. Mège une *illusion* dont M. Melsens fera justice lui-
même après mûres réflexions), M. Mège localise la décomposition du sucre.
Le métal surchauffé soutenant une couche de sirop, lourd, épais, mauvais
conducteur arrêtant la diffusion du calorique, donne naissance à des phé-
nomènes de caléfaction très faciles à comprendre et qu'on détruit par un
mouvement à grande vitesse.

Le système de cristallisation successive et d'évaporation répétée des sirops
de moins en moins sucrés et de plus en plus salins, exige un long travail
et occasionne des pertes que ce jeune chimiste évite par une seule cristallisation en masse et sans égouttage. Cette masse blanchâtre à cristaux con-
fus, se coule facilement en pains en mettant à profit la propriété dissolvante
des sirops et en faisant immédiatement et sans évaporation un sirop prêt à
être mouvé et jeté dans les formes. Un mode de clairçage est aussi décrit,
qui blanchit aussi bien que le terrage et aussi rapidement que le clairçage
simple ; enfin la description d'un système de formes qui produit un égouttage
complet, et d'une application du vide qui permet de dessécher les pains en
quelques heures, termine ce Mémoire, dont je n'ai fait que donner un
aperçu.

Le nom de l'auteur suffit pour le recommander au plus haut degré, et celle petite mention, que je devais à mes commettans, est aussi à la fois un hommage rendu au mérite et au travail de M. Mège.

Je ne puis rien dire des systèmes de MM. Dubrunfaut, Bonnel, Huard, etc. Je dirai seulement que ce dernier m'a lu un rapport qu'il a adressé au ministre de l'agriculture et du commerce et qui me semble exposer des idées dignes de la sérieuse attention du gouvernement. S'il est vrai, comme il l'affirme, qu'il ait résolu le problème de l'alliance du sucre colonial et du sucre indigène, il aura certainement rendu un grand service, d'abord à l'industrie sucrière, qui pourra suivre le cours de ses destinées sans craindre désormais le retour de ces conflits et de ces luttes de rivalité si nuisibles aux intérêts respectifs des deux sucres, et puis au pays lui-même, qui verra s'étendre à toutes les classes un produit qui, quoique considéré comme de première nécessité, n'a pu encore pénétrer jusqu'aux malheureux. Le projet de M. Huard me paraît donc devoir se recommander par un grand intérêt, et je n'ai pas cru qu'il me fût permis de n'en pas parler dans un compte-rendu spécial de la question des sucres.

Maintenant je reviendrai à M. Melsens, et, sans partager l'enthousiasme de ses partisans, ni m'inscrire parmi ses antagonistes, je dirai franchement et loyalement aux fabricans de sucre indigène :

Un procédé de fabrication pour l'extraction du sucre de canne et de betteraves, ancien ou nouveau, peu importe, semble devoir se substituer aux différens modes de fabrication employés jusqu'à ce jour. Il importe que les fabricans, invités par l'auteur à le pratiquer dans leurs ateliers pendant la campagne, en connaissent exactement les moyens d'exécution, et je crois, dans leur intérêt, devoir transcrire littéralement ici les indications qu'en donnent les numéros du *Moniteur* des 29 et 30 septembre. On sait que c'est le bisulfite de chaux qu'emploie M. Melsens, et voici comment il en raisonne :

VIII.

Rapport
de
M. Melsens.

« Le bisulfite de chaux peut être utilisé dans les opérations qui ont pour « objet l'extraction du sucre de la canne ou de la betterave :

« 1° Comme un corps antiseptique par excellence, prévenant la pro-
« duction et l'action de tout ferment ;

« 2° Comme un corps avide d'oxigène, capable d'empêcher les altéra-
« tions que sa présence fait naître dans les jus ;

« 3° Comme un corps défécant, qui, à 100 degrés, clarifie les jus et
« les débarrasse de toutes les matières albumineuses ou coagula-
« bles (1) ;

« 4° Comme un corps décolorant pour les couleurs préexistantes ;

« 5° Comme un corps anticolorant, capable au plus haut degré de
« s'opposer à la formation des matières colorées ;

« 6° Comme un corps capable de neutraliser tous les acides nuisibles
« qui pourraient exister ou naître dans les jus, en leur substituant
« un acide presque inerte, l'acide sulfureux.

« Peut-on retirer de la betterave *tout* le sucre qu'elle contient ? Cela n'est
« pas douteux.

« En effet, laver la pulpe avec de l'eau chargée de bisulfite, c'est là une
« opération très manufacturière, et qui, effectuée systématiquement, peut
« donner un liquide fort rapproché du jus lui-même par sa richesse saccha-
« rine, d'une part, et de l'autre des pulpes épuisées ou à peu près.

« Les lavages ainsi obtenus seraient d'ailleurs versés sur la râpe et servi-
« raient de véhicule pour porter sur les pulpes nouvelles le bisulfite préser-
« vateur.

« En ce qui concerne les pulpes épuisées, je n'ignore pas qu'on regarde
« leur emploi pour la nourriture du bétail comme compromis par le fait
« même de leur épuisement. C'est à l'expérience à en décider. Mais pour-
« tant n'y aurait-il pas quelque exagération à penser que ces pulpes, si ri-
« ches encore après le lavage en matières azotées, en matières assimilables,
« ont perdu toute propriété alimentaire ? Epuiser les pulpes et les assaison-
« ner avec des mélasses qui leur rendraient le sucre et les sels qui leur man-

---

(1) Toutefois, il reste dans les sucs ainsi déféqués une matière particulière qui se colore sous
l'influence des alcalis et de l'air, d'abord au violet, et ensuite au brun : il serait possible qu'elle fût
de nature azotée.

« quent, serait une pratique fort logique ; mais, je le répète, l'expérience
« seule peut en décider et apprendre jusqu'à quelle dose la mélasse peut
« être tolérée par le bétail.

« Ce que je veux établir, c'est que l'épuisement des pulpes est très-
« praticable en soi, lorsqu'on peut disposer, pour l'effectuer, d'un liquide
« qui prévient toute altération, toute fermentation, et qui permet même
« de consacrer plusieurs jours à ce travail, si l'on veut.

« La perte absolue de 1 de sucre p. 100 de betteraves ou de 10 p. 100
« du sucre qu'elles contiennent, n'a rien d'exagéré : je la crois non-seule-
« ment réelle, mais bien au-dessous de la vérité ; et, sur ce point, il y aura
« des améliorations à obtenir.

« D'où vient cette perte en effet, si ce n'est du sucre laissé dans les
« écumes, dans le noir, dans les poches et filtres : de celui qui se détruit
« par les fermentations que le contact des sacs, des outils et instruments
« imprégnés de fermens divers, peut provoquer ? Or, de ces causes de
« perte, bien peu résisteraient à l'emploi de mon procédé.

« En ce qui concerne le noir, sa consommation serait, sinon annulée,
« du moins considérablement réduite, dans le travail du sucre brut.

« En ce qui regarde les écumes, le bisulfite de chaux exerce une double
« action dont je ne crois pas m'être exagéré l'importance. Il détermine
« plus facilement et plus complètement que tout autre agent, la coagula-
« tion des matières albuminoïdes qui forment les écumes. En outre, il
« produit des écumes qui ne s'altèrent pas au contact de l'air et où l'on ne
« voit pas survenir de fermentation. Que, si le travail en grand suscitait,
« à cet égard, des difficultés que je n'ai pas aperçues, il suffirait évidem-
« ment d'une addition de quelques millièmes de bisulfite aux écumes, pour
« les écarter.

« Il est évident que, pour mettre les sacs, poches, filtres, outils quel-
« conques à l'abri de l'invasion des ferments, il suffira de les laver avec
« de l'eau chargée de bisulfite, avant d'en faire usage et au moment où
« on cesse de les employer, ainsi que MM. Dubrunfaut et Kuhlman l'ont
« déjà conseillé.

« De tout cela je crois pouvoir tirer la conséquence que l'emploi bien

« dirigé du bisulfite peut conduire à retirer le sucre laissé dans les pulpes
« et qu'il peut, de même, fournir le moyen d'éviter, en grande partie, les
« pertes que l'on fait par les fermentations accidentelles des écumes, des
« sacs, poches, filtres, etc. Si ces deux causes de perte ou de destruction
« portent sur deux ou trois de sucre p. 50 que la betterave en contient, leur
« atténuation ne saurait être sans intérêt.

« J'aborde maintenant une autre cause de perte ; celle qui est due à la
« présence des sels, qu'on considère comme la cause principale de la for-
« mation des mélasses. J'ai pu apprécier tous les inconvéniens qu'on
« attribue à l'action de ces sels variés et abondans que la betterave ren-
« ferme. Avec la canne à sucre, il suffit d'un peu de bisulfite pour que les
« traitemens par l'eau donnent tous les résultats d'un traitement par
« l'alcool ; c'est qu'il n'y a pas ou très peu de sels dans le vesou. Avec le
« jus de betterave c'est tout autre chose ; quoi qu'on fasse, le traitement
« par le bisulfite diffère toujours des traitemens par l'alcool, précisément
« parce que l'eau du jus dissout des sels que l'alcool ne dissout pas. Aussi,
« est-il rare d'obtenir le sucre de betterave en ces cristaux nets, distincts
« et d'une production facile, que le sucre de canne donne facilement ?
« Aussi n'est-il généralement resté, sinon des mélasses, au moins des
« produits mous ?

« Tout en admettant donc l'incontestable influence que les sels peuvent
« exercer sur la cristallisation du sucre, je ne puis cependant pas l'accepter
« comme la cause unique de la formation de la mélasse ou de cristaux
« mous. S'il en était ainsi, en évaporant 40 litres de jus et brûlant le
« résidu qu'ils laissent, et en ajoutant les sels ainsi obtenus à dix litres
« de jus, ceux-ci ne devraient pas fournir de sucre cristallisé. Or, il est
« facile de s'assurer qu'à cette dose, les sels de la betterave n'ont pas une
« telle influence.

« La production des mélasses doit donc être attribuée à d'autres causes
« indépendamment de celle-là. Dès lors il serait inexact de prétendre que
« tout procédé qui n'élimine pas les sels doit, par cela même, rester sans
« influence sur la formation des mélasses ; tous mes essais m'ont démontré
« le contraire. Je ne les ai jamais annulées, c'est vrai ; mais que les fabri-

« cans en demeurent convaincus, je les ai réduites à des qualités bien infé-
« rieures à celles qui se produisent par les procédés actuels. Ils peuvent,
« je crois, tendre avec confiance leurs efforts de ce côté.

« L'industrie sucrière a donné lieu à la création d'établissemens spé-
« ciaux pour l'exécution des machines qu'elle emploie, pour la fabrication
« du noir qu'elle consomme. Elle a donné naissance à des distilleries
« qui utilisent ses mélasses et qui en retirent de l'alcool et les sels qui y sont
« concentrés.

« Si l'emploi du bisulfite est adopté, les conditions nouvelles qu'il in-
« troduira, ouvriront des voies à l'invention, que je suis hors d'état de
« prévoir. Il me semble cependant que l'action des râpes sera nécessaire
« jusqu'à ce qu'une étude approfondie des effets obtenus sur les tranches
« produites par un coupe-racines et soumises à un lavage systématique, ait
« été effectuée. Il m'a paru que les liquides sucrés obtenus par macéra-
« tion ou lévigation, se travaillaient plus facilement que les jus naturels
« provenant directement des râpes et des presses.

« Je n'oserais pas assurer que les presses actuelles seront conservées,
« dans le cas même où les râpes le seraient. Tout y est calculé pour un
« travail très rapide. Or, une fois la pulpe rendue inaltérable, des presses
« lentes, opérant en grandes masses, économisant la main-d'œuvre, sup-
« primant les sacs (1), les claies, peuvent offrir des avantages certains et
« obtenir une juste préférence.

« La défécation s'opérant au moyen du bisulfite, de la même manière
« qu'avec la chaux, les chaudières qui lui sont consacrées et dont les dis-
« positions ont été si bien réglées, seraient toujours indispensables.

---

(1) Ce mémoire était sous presse quand un rapport de M. Bresson à l'Institut de l'Industrie a rendu compte d'un mode de pressurage de M. Leconte, ingénieur-mécanicien à Paris, destiné à remplacer les sacs.

M. Bresson donne la description de cet appareil, et des détails précis sur l'essai qui en a été fait devant une commission ; et conçut en faveur de son application qui donnera une grande économie de main-d'œuvre, des produits supérieurs à ceux obtenus par le mode actuel, et pourra se combiner avec le matériel existant, sauf les étendelles qui se trouveront supprimées.

Si les fabricans désirent des explications sur ces appareils, ils pourront s'adresser à M. Leconte, boulevard du Montparnasse, 48 *bis*.

« Les filtres de Taylor, ou des filtres analogues, interviennent dans le
« travail nouveau au même titre que dans l'ancien, sauf les cas où l'on
« préférerait opérer par dépôt, ce qui est possible.

« Les appareils d'évaporation à feu ne pourraient intervenir au com-
« mencement de la concentration des jus, mais à la fin, il faudrait recourir,
« soit à l'évaporation rapide dans des chaudières chauffées à la vapeur,
« soit à une cristallisation lente effectuée dans des étuves. Je me suis
« assuré qu'on peut opérer dans la tôle, la fonte, le cuivre étamé, le fer
« étamé et très probablement dans des vases construits en bois ou en
« briques cimentées.

« L'emploi du noir pourra être supprimé, réduit ou conservé selon
« qu'on se proposera de fabriquer des sucres bruts ou des sucres raffinés.

« Quant aux mélasses et à leurs sels, il y aura toujours lieu de les uti-
« liser, sauf cette partie qu'on pourrait rejeter sur les pulpes pour la nour-
« riture du bétail.

« En effet, l'agriculture en France réclame à grands cris du sel marin,
« elle pourrait, à meilleur droit, réclamer des sels à base de potasse. Les
« pays producteurs de sucre peuvent en exporter autant qu'ils veulent, l'air
« et l'eau suffisent à leur en rendre les élémens ; mais les sels des mélasses
« une fois exportés ne se retrouvent pas si aisément. Epuiser les pulpes de
« tout le sucre cristallisable qu'elles peuvent fournir, leur rendre comme
« assaisonnement une partie des mélasses et de leurs sels ; telle serait la
« marche la plus logique, au point de vue de l'économie générale du sol
« du pays. Mais, pour faire accepter par l'intérêt privé, les conséquences de
« ces prévisions lointaines, il faut qu'il y trouve son compte dans le présent.
« Il faut donc, dans ce cas particulier, qu'il y ait un plus grand avantage à
« retirer le sucre des pulpes qu'à vendre les mélasses. L'expérience en
« grand peut seule apprendre si cet avantage existe.

« Les indications qui précèdent vont rendre facile à chacune des per-
« sonnes intéressées dans les industries diverses auxquelles elles se rap-
« portent, l'appréciation exacte de la portée des faits que j'ai constatés par
« moi-même dans le traitement de la betterave.

« J'ai râpé des betteraves, en arrosant la pulpe avec 2 1/2 p. 100 du

« poids de la racine, d'une dissolution de bisulfite de chaux marquant
« 10 degrés à l'aréomètre de Baumé. J'ai pressé les pulpes et recueilli les
« jus qui ont été portés à l'ébullition. La défécation étant opérée, on a
« passé les liquides à la chausse et on les a analysés au moyen de l'appareil
« de polarisation.

« On a concentré, par l'ébullition à feu nu, les jus déféqués, jusqu'à les
« réduire à consistance de sirop ; ceux-ci filtrés et mis à l'étuve, ont été
« ramenés à des masses cristallisées d'une couleur paille, dont on a égale-
« ment fait l'analyse au moyen de l'appareil de polarisation. — L'analyse
« de cette masse humide, ainsi faite, on a pu déterminer la portion de son
« poids correspondante au sucre réel ; le reste étant représenté par l'eau,
« les sels, etc., etc.

« 4 lit. 356 jus, contenant 521 gr. 4 de sucre, ont fourni une masse
« grenée contenant 528 gr. 20 de sucre.

« 0 lit. 984 jus, contenant 105 gr. 3 de sucre, ont fourni une masse
« grenée renfermant 104 gr. 9 de sucre.

« 1 lit. 045 jus, contenant 112 gr. 4 de sucre ont fourni une masse gre-
« née renferant 113 gr. 1 de sucre.

« D'où il suit que, pendant la défécation, la première concentration à
« à feu nu, la seconde à l'étuve, et la cristallisation qui s'y opère, le sucre
« traité par le bisulfite de chaux se conserve intact.

« Dans toutes mes épreuves, la même concordance s'est manifestée ;
« les différences, toujours faibles, ont été observées, tantôt dans un sens,
« tantôt dans l'autre, et ne se sont généralement pas élevées au delà de
« deux ou trois centièmes, quantités négligeables dans la pratique.

« Les pulpes desquelles les jus précédens avaient été extraits, ayant été
« baignées avec de l'eau et mises une seconde fois en presse, ont fourni
« des liquides sucrés. L'opération, répétée pour les épuiser, en a donné
« d'autres qui ne l'étaient presque plus. On ajoutait un peu de bisulfite
« dans l'eau pour les derniers lavages.

« Or, ces liquides réunis, filtrés et concentrés par une ébullition à feu
« nu, filtrés de nouveau, puis mis à l'étuve, ont donné des masses cristal-
« lisées de tout point semblables à celles qui provenaient des jus directs.

« Le sucre existant dans ces masses correspondait, poids pour poids, avec
« celui que l'analyse signalait dans les liqueurs qui les avaient fournies.

« Les écumes, les poches lavées à leur tour par de l'eau chargée d'un
« peu de bisulfite, malgré leur abandon au contact de l'air, ont fourni des
« rinçures qu'on a laissées en repos pendant une dizaine de jours, en y
« ajoutant toutes celles qui provenaient des expériences qu'on faisait cha-
« que jour. Au bout de ce tems, elles pesaient 4 1/2 B ; on les a trai-
« tées par défécation, etc., comme le jus de betteraves lui-même, et il en
« est résulté des masses cristallisées presque comparables aux produits
« directs.

« Pendant la durée d'un travail auquel j'ai consacré beaucoup de tems,
« j'ai traité des betteraves de toutes dimensions, de toutes couleurs,
« rouges, blanches, jaunes ; de tout âge, jeunes et non parvenues à leur
« maturité, mûres et en bon état au moment de la récolte, prises dans les
« silos et bien conservées ; enfin altérées, gangrenées à divers degrés.

« Toujours, les masses cristallisées que j'en ai extraites renfermaient
« inaltéré le sucre que l'analyse y indiquait avant le traitement. Les diffé-
« rences observées sont dues surtout à des causes physiques ; car le sucre
« obtenu ne se présentait pas, quant à l'aspect, avec des caractères iden-
« tiques.

« Pour les chimistes et les manufacturiers qui sont exercés au manie-
« ment de l'excellent procédé de M. Payen, une expérience très-simple
« pourra fixer leur opinion.

« Il n'ont qu'à traiter une dizaine de betteraves par le bisulfite, à éva-
« porer le jus après défécation, d'abord jusqu'à 25 degrés. — A ce terme,
« on clarifie et on filtre, ou même on se contente de filtrer sans clarifica-
« tion. On évapore ensuite jusqu'à 37 ou 38 degrés Baumé, et on aban-
« donne la matière pendant trois ou quatre jours dans une étuve à
« 40 degrés.

« La masse cristallisée, exprimée fortement, leur offrira un sucre brut,
« d'une très-belle nuance et d'une richesse en sucre, non-seulement théo-
« rique, mais pratiquement réalisable, qui, ainsi que l'essai par la mé-
« thode de M. Payen l'indique, égalera ou dépassera du premier coup, le

« rendement du travail tout entier des sucreries. Ainsi quiconque essaiera
« de traiter quelques betteraves par le bisulfite, reconnaîtra sans peine
« qu'on peut retirer du jus qu'elles fournissent 13 ou 15 pour cent du
« poids de ce jus d'un résidu pâteux qui, fortement pressé entre des dou-
« bles du papier Joseph, laisse 8 ou 10 pour cent du poids du jus d'un
« sucre blanc.

« Après avoir assisté à la première des expériences que j'ai effectuées
« devant la Commission française, M. Clerget, l'un de ses membres,
« dès le premier essai qu'il a fait de mon procédé est arrivé à ce résultat.

« L'ébullition est ordinairement assez tumultueuse, lorsqu'on opère par
« le bisulfite ; je n'ai pu me rendre compte de cette particularité qu'on
« maîtrise par un peu de graisse, ou mieux par l'acide oléïque ; ce phéno-
« mène de boursouflement serait même de nature à recommander une
« autre forme de vase, pour l'évaporation des jus, surtout lorsqu'ils pro-
« viennent de betteraves, non encore arrivées à maturité.

« Avec des betteraves tachées de noir et gangrenées jusqu'à quelques
« centimètres à partir du col, j'ai constaté que mon procédé me permet-
« tait d'en tirer le sucre tout aussi bien qu'avec les betteraves saines. Quant
« à leur apparence, ces produits diffèrent peu ; quant à leur quantité, le
« sucre signalé par l'analyse dans les racines se retrouve tout entier dans
« les masses cristallisées qui en proviennent.

« En comparant la marche bien connue du travail actuel des fabriques
« de sucre de betteraves, avec celui qui semblait résulter de l'emploi de
« mon procédé, j'apercevais les circonstances suivantes :

« Aujourd'hui le râpage s'effectuant à l'air libre, sans précaution
« spéciale, les altérations qu'il entraîne rendent indipensable un pres-
« sage rapide. Quelque rapide qu'il puisse être, on n'obvie pas aux alté-
« rations.

« La défécation, opérée à l'aide de la chaux, favorise ou exalte la colora-
« tion et force l'emploi du noir comme agent décolorant et comme absor-
« bant de la chaux en excès.

« L'évaporation, à une température élevée, modifie une partie du sucre
« que la chaleur rend incristallisable, d'où résulte la nécessité d'opérer

« par cuites successives et de retirer le sucre solide en quatre ou cinq
« cristallisation de moins en moins productives.

« Mon procédé permettait :

« De râper à l'avance, de garder les pulpes du jour ou lendemain, de
« presser lentement et à plusieurs reprises pour épuiser les pulpes par
« lavages.

« Il fournissait des défécations parfaitement limpides et incolores, à la
« suite desquelles l'emploi du noir n'avait pas d'objet.

« Les jus évaporés d'abord à une température élevée jusqu'à la densité
« de 1,3 par exemple, puis concentrés à l'étuve, cristallisaient sans colora-
« tion, se solidifiaient en entier ou à peu de chose près, ce qui plaçait
« toute l'importance du travail dans les premiers produits.

« Je me trouvais donc ramené vers l'emploi du procédé de la cristalli-
« sation lente auquel M. Crespel-Dellisse a dû les succès qui ont sauvé de
« sa ruine la fabrication du sucre indigène en France, vers 1827 ; mais, en
« l'adoptant, je croyais être assuré que par l'emploi du bisulfite, ce procédé
« deviendrait d'une application plus facile, plus simple et que son rende--
« ment serait accru d'une manière importante.

« Deux difficultés m'arrêtaient : la pulpe, traitée par le bisulfite, serait-
« elle mangée par les bestiaux? son usage n'offrirait-il aucun inconvénient?

« Le sucre brut obtenu par le bisulfite n'offrirait-il au raffinage aucune
« difficulté spéciale? à la consommation, aucune cause de déprécia-
tion?

« Ce n'est pas dans le laboratoire, mais bien dans le travail en grand
« d'une usine que ces deux questions pouvaient trouver une réponse.
« Mon travail en était là, quand M. Claes, fabricant de sucre de betterave,
« à Lembecq, me fit savoir qu'il avait lui-même pratiqué un procédé, pro-
« bablement analogue au mien, qui lui avait donné les résultats suivants :

« Nous avons traité à Lembecq, par l'acide sulfureux, près de 2,500,000
« kil. de betteraves, pendant la dernière fabrication.

« L'acide sulfureux liquide, portant 4 degrés et demi Baumé, étendu
« de deux cents fois son volume d'eau, était versé sur la râpe.

« Le jus de betterave se déféquait à la chaux. A 60 degrés environ, ou

« ajoutait de la craie et l'on obtenait des grumaux très-gros. Le jus déféqué
« était presque incolore.

« Pendant toute la durée de l'extraction, il n'y a eu de coloration que
« celle qui est provoquée par le contact des corps étrangers.

« La quantité de sucre extraite est plus considérable, la nuance sans
« aucune clairce, plus belle.

« Le grain beaucoup plus beau et plus riche.

« Les sucres, en tout semblables aux sucres les plus beaux, ont été
« reçus par le commerce avec la plus grande faveur.

« Ma joie fut grande en apprenant, d'une part, que les sucres obtenus,
« avec le concours de l'acide sulfureux, se comportaient bien, tant au raf-
« finage qu'à la consommation, et de savoir que les pulpes, traitées à l'a-
« cide sulfureux, avaient été consommées par le bétail sans difficulté.

« Restait la question du rendement plus ou moins considérable, et celle-
« là étant relative au travail antérieur de chaque fabrique, il me suffisait
« de savoir que, par l'intervention de l'acide sulfurique, il avait été aug-
« menté à Lembecq.

« M. Claes pense, comme moi, que l'emploi direct du bisulfite de chaux
« était préférable à celui de l'acide sulfurique.

« J'ai cherché à bien préciser les faits essentiels, et je prie tous les fa-
« bricans qui le jugeront convenable à leurs intérêts, de faire, pendant
« cette campagne, tel emploi qu'ils voudront des procédés que j'ai décrits.
« Ce que je cherche, c'est la vérité ; et lorsque mes expériences auront été sou-
« mises au contrôle public, que je désire, tout le monde en aura la preuve.

« Qu'on me permette d'insister sur un point : le bisulfite, versé sur la
« râpe rend les pulpes et les jus inaltérables pendant les premiers opéra-
« tions de la fabrication du sucre : il permet d'utiliser, sans crainte aucune,
« la macération des pulpes, la lévigation ou leur seconde pression, après
« les avoir imbibées d'eau ; il corrige le mauvais état des betteraves à la
« fin de la campagne, et rend, par suite, la fabrication uniforme et régu-
« lière pendant sa durée. Qu'on l'essaie, d'abord dans ces conditions, en
« bornant son emploi à ce rôle préservateur circonscrit : l'habileté des
« fabricans, celle des ouvriers feront le reste. On se familiarisera peu à

« peu avec ce nouveau produit, et on saisira bientôt les conditions les plus
« favorables à son emploi en grand.

« Lorsqu'il suffit d'un coupe-racine, d'un ou deux tonneaux, d'une
« chaudière à lessive et de quelques terrines pour extraire très-facilement
« le sucre d'un millier de kilogrammes de betteraves, lorsqu'on l'obtient
« du premier coup, plus blanc que les plus beaux sucres bruts du com-
« merce, n'est-il pas permis d'espérer que les besoins toujours croissans
« de la consommation du sucre en rendront désormais la fabrication po-
« pulaire dans toutes les campagnes, et y répandront, par suite, les bien-
« faits attachés à la culture de la betterave.

« Quel que puisse être le mode de travail qui sera définitivement admis
« par la pratique en grand, il faudra toujours commencer par faire arriver
« le bisulfite, préservateur sur les sucs au moment même où ils sont expo-
« sés au contact de l'air. On comprend du reste, que, se fondant sur les
« faits et principes exposés plus haut, les industriels puissent les mettre en
« pratique sous diverses formes. Je me borne ici à indiquer quelques-unes
« de ces formes.

« 1° Opérer la défécation sur la pulpe même ;

« 2° Déféquer les jus provenant des presses, ou obtenus par lavage au
« moyen du bisulfite de chaux seul ;
  « Filtrer sur des filtres de Taylor ou décanter, après la défé-
   « cation ; pousser directement à la cuite le liquide simple
   « ainsi obtenu, malgré le trouble qui s'y produit par la
   « concentration.

« 3° Déféquer par le bisulfite de chaux ;
  « Filtrer ou décanter ;
  « Evaporer à 25 degrés B ;
  « Filtrer une seconde fois ;
  « Pousser à la cuite.

« 4° Déféquer par le bisulfite de chaux ;
  « Filtrer ou décanter ;

« Évaporer à **25** degrés B. filtrer ;

« Pousser la cuite vers **38** degrés B, et placer le sirop à
« étuve, pour opérer par cristallisation lente, par la mé-
« thode de M. Crespel Dellisse ;

« **5°** Opérer la préservation des pulpes par une faible dose de bisulfite
« de chaux ;

« Déféquer à la chaux par la méthode ordinaire :

« Filtrer ou passer sur noir ;

« Ajouter ensuite du bisulfite, de façon à obtenir un liquide
« neutre ou légèrement acide ;

« Évaporer à **25** degrés B. filtrer ;

« Pousser à la cuite ;

« Dans tous les cas on obtiendrait de bons résultats si on pou-
« vait faire rentrer les sirops d'égoûts dans les chaudières
« à déféquer ; bien entendu qu'on serait obligé de scinder
« le travail après quelque opération ;

« **6°** Déféquer par le bisulfite ;

« Filtrer ou décanter ;

« Amener les jus vers **25** degrés B, et les neutraliser ou les
« rendre légèrement alcalins ;

« Passer sur noir ;

« Suivre ensuite le travail comme on l'exécute dans les anciens
« procédés ;

« **7°** Faire arriver une dissolution faible de bisulfite de chaux sur la râpe ;
« Opérer la défécation à la chaux et reprendre ensuite le tra-
« vail ordinaire. »

Tels sont les faits, les avis et les exhortations que M. Melsens, dans sa
sollicitude pour l'industrie sucrière, a cru devoir publier dans le *Moniteur*.
Les fabricans apprécieront et jugeront. Pour compléter les renseignemens
qu'il me paraît utile de porter à leur connaissance, je reproduis ci-après
des opinions bien diverses émises par plusieurs journaux sur le procédé
nouveau, après les expériences exécutées à Lembecq.

IX.

C'est d'abord le *Journal du Commerce* d'Anvers qui en résume ainsi les résultats :

1° Aucun appareil n'est supprimé ;

2° Le noir animal est remplacé par un agent chimique dont M. Melsens a refusé de faire connaître le prix, en sorte qu'on ne peut juger si cette substitution produit économie ou aggravation dans les frais de fabrication ;

3° Le sucre obtenu par ce procédé doit plus que *tout autre* subir le raffinage ;

4° Il est impossible de constater le rendement obtenu, le sirop de la première opération n'ayant pas été réduit ;

5° Pendant toute l'opération, il s'est dégagé une odeur sulfureuse qui a fortement incommodé les assistans ;

Et 6° Le sucre a conservé une odeur sulfureuse telle que, jusqu'à preuve contraire, on doit croire qu'il est nuisible à la santé (1).

L'*Echo du Nord* et l'*Echo de la Frontière* reproduisent ces observations , et la *Tribune des Peuples* du 9 septembre formule ainsi qu'il suit l'opinion raisonnée de ces journaux :

« L'emploi du bisulfite de chaux dans la fabrication du sucre est un « vieux procédé qui remonte à quarante ans. En 1809, le chimiste Proust « en faisait l'emploi pour les sucs de raisin dont il extrayait le sucre. « En 1836, M. Descroizilles conseillait aux fabricans l'usage du bisulfite de « chaux et leur fournissait ce produit chimique à un très bas prix. En 1838,

(1) Voici comment **M.** Melsens répond à cette objection :

« Le sucre obtenu conserve un goût sulfureux, mais il le perd dans trois circonstances :

1° Écrasé et laissé pendant quelque temps à l'air, le sulfite se change en sulfate insipide ;

2° Exposé à l'action d'une atmosphère ammoniacale, le sucre perd sa saveur sulfureuse et prend souvent un goût de vanille très agréable, mais se colore parfois un peu ;

3° Claircé de manière à perdre environ 10 p. 0⁢0 de son poids ; il donne pour produit un sucre comparable aux sucres les plus purs et les plus blancs. La claircc régénère, par l'évaporation, des sucres semblables aux précédens. »

Manufacturièrement, je conseillerais le troisième procédé.

« M. Stollé (ainsi qu'il a déjà été dit plus haut) le signalait également
« comme pouvant remplacer le noir animal. — Donc, si ce que disent les
« journaux du Nord du procédé Melsens est exact, c'est une vieillerie qui
« ne possède aucun des avantages dont l'avait gratuitement doté l'annonce
« pompeuse du gouvernement. — Ceci constaté, le gouvernement ne pou-
« vait se dispenser de revenir sur ses premières assertions : c'est ce qu'il a
« fait dans une note au *Moniteur* et qui renferme un démenti formel à son
« premier rapport. — Ainsi l'incident est terminé. — L'industrie saccha-
« rine est rassurée; elle recouvre sa sérénité. »

La *Presse* du **27** septembre termine ainsi un article sur ce sujet : « On
« ne paraît plus se préoccuper du procédé Melsens, parce que l'on est déjà
« d'accord pour reconnaître qu'il n'est pas applicable à la fabrication en
« grand. »

Le *Mercure français*, journal spécialement consacré à la discussion des
affaires commerciales et industrielles et où l'on est sûr de voir traitées avec
autant d'impartialité que de talent les hautes questions qui s'y rattachent,
en parle ainsi qu'il suit :

1° Dans son numéro du **16** septembre **1849** :

« Disons en passant que les expériences faites à la suite de la découverte
« de M. Melsens ne paraissent pas devoir produire les résultats annoncés,
« qu'en tout cas le nouveau procédé n'apportera pas de modification sen-
« sible dans le mode actuel de fabrication. »

2° Dans son numéro du **30** septembre **1849** :

Après avoir habilement réfuté la lettre de M. Reydellet du Havre, le
Mercure français termine son vigoureux article comme suit :

« Le délégué du Havre dit : *que la sucrerie de betterave qui commence à*
« *comprendre ce qui l'attend ne se décourage pas, et qu'elle lutte avec adresse et*
« *énergie.* — L'observation est aussi naïve que curieuse. On croit devoir
« faire remarquer que l'industrie indigène ne se *décourage pas.* C'est en ef-
« fet une grande singularité. Oser défendre avec *énergie* ses légitimes inté-
« rêts, quelle audace!... *Lutter* en faveur du travail national contre l'enva-
« hissement des produits étrangers, quelle indélicatesse! Il faut le savoir,

« en effet, lorsque les défenseurs passionnés des ports de mer attaquent la
« production du sucre de betterave, ce n'est pas la cause de nos colonies,
« mais celle des producteurs étrangers qu'ils défendent. Nous ne voulons
« d'autre preuve de notre assertion que cette révélation significative par la-
« quelle on nous annonce que le ministre du commerce a promis de faire
« réviser la législation du sucre, *surtout en ce qui concerne la surtaxe.* —
« Avons-nous tort de répéter, comme nous le faisons sans cesse, que le dé-
« bat sérieux n'est pas entre l'industrie indigène et l'industrie coloniale,
« mais bien entre la production nationale et la production étrangère. »

3° Enfin, dans son numéro du 7 octobre 1849 :

« M. Melsens vient de publier dans le *Moniteur* un mémoire étendu sur
la nature et les résultats de ses recherches.

« Nous n'avons pas à l'apprécier prématurément aujourd'hui. Une com-
« mission officielle est chargée, comme on sait, de vérifier au moyen d'ex-
« périences positives la valeur du procédé Melsens. Le plus sûr est d'atten-
« dre les conclusions de ce travail d'enquête. Toutes les dissertations du
« monde ne sauraient évidemment, dans cette circonstance, contrebalan-
« cer l'autorité d'un fait officiellement constaté.

« Contentons-nous de dire que le mémoire Melsens est loin de répondre
« à la magnificence des prophéties ministérielles.

« Quoi qu'il en soit, si le procédé Melsens ne menace pas d'une pertur-
« bation sérieuse nos fabricans de sucre indigène, nous devons les prévenir
« qu'ils n'en ont pas moins à redouter le mauvais vouloir et les préventions
« du ministère actuel. Nous savons de très bonne source qu'il existe dans
« les cartons de l'administration du commerce (1) un projet de loi tout
« préparé et qui a pour but de dégrever le sucre colonial au détriment du
« sucre de betterave. Les difficultés et les luttes vont recommencer plus
« ardentes que jamais. C'est pour nos producteurs indigènes une impérieuse
« nécessité d'opposer aux nouveaux périls qui surgissent toute leur union
« et leur énergie. »

Ces articles sont empreints d'un cachet tout particulier d'intérêt et de

---

(1) Je pense plutôt que le projet de loi doit être élaboré ou au ministère de la marine, ou au ministère des finances.

véritable sympathie pour la sucrerie indigène. Je suis heureux de les signaler à l'attention des fabricans qui en saisiront la portée et apprécieront l'esprit judicieux non moins que le talent remarquable avec lequel
ils sont écrits. La sucrerie indigène compte malheureusement peu de défenseurs dans les organes de la publicité, si du moins il faut en juger par
la comparaison résultant de la publication incessante, quotidienn e, pour
ainsi dire, des nombreux articles de ses infatigables adversaires. Il est
juste cependant de reconnaître que si elle perd du côté du nombre elle
gagne au moins par le mérite de ses écrivains, témoin les articles ci-dessus
dus à MM. Hippolyte Lucas de Beauvilain et Junqua, le premier, rédacteur
en chef, et le second, rédacteur principal du *Mercure français.*

Messieurs les fabricans n'auront pas manqué de remarquer aussi sans
doute l'ardeur et la spontanéité du zèle de M. A. Cornu dont les lumières
et le rare talent ne font jamais défaut à la cause de l'industrie betteravière.

Le *Constitutionnel*, du 28 octobre, a consacré un long article à l'analyse
du travail de M. Melsens dont il fait ressortir les passages les plus saillans
déjà cités dans ce compte rendu. Il termine ainsi cette revue critique :

« Telle est l'analyse du mémoire de M. Melsens, qui nous semble, sur des
« essais de laboratoire, se laisser entraîner à des considérations quelque
« peu romanesques. »

Après avoir été narrateur fidèle et impartial de toutes les idées et de
toutes les opinions contraires qui se sont produites à l'occasion du procédé
de M. Melsens, je perdrais ce caractère d'impartialité, si j'omettais de parler
des journaux qui lui sont favorables.

La Patrie du 6 octobre passe en revue le mémoire publié dans le *Moniteur*, et conclut ainsi :

« Quoi qu'il en soit, le travail de M. Melsens est intéresant; sa simpli-
« cité et sa netteté plaisent au lecteur : c'est le langage d'un esprit qui
« cherche consciencieusement la vérité. Nous attendrons le jugement de
« l'avenir : nous le désirons aussi favorable que possible ; sans vouloir
« le devancer, nous croyons, du moins dès à présent, que ces expériences
« ne peuvent manquer de suggérer d'utiles applications aux producteurs
« du sucre.

Le Crédit du 3 du même mois publie un très-long et remarquable article sous ce titre : DÉCOUVERTE DE M. MELSENS, et *signé* : Emile BAUDEMENT.

Je comprends cette signature qui semble apposée là pour couvrir la responsabilité du journal et la circonscrire dans le cercle de l'intimité personnelle que révèle d'ailleurs surabondamment l'éloge soutenu, mais fin , exagéré peut-être mais entraînant, qui règne d'un bout à l'autre de l'article.

Les affirmations de M. Baudement l'emportent bien encore, et de beaucoup sur les assertions de M. Lanjuinais. Les reproduire ici dans leur étendue, serait ranimer une controverse épuisée sur des faits et des opinions que j'ai présentés sous tous leurs aspects dans le courant de cet écrit.

Si je n'avais donc à juger l'article de M. Baudement qu'au point de vue des louangeuses et spirituelles flatteries qu'il prodigue à M. Melsens, j'aurais déjà tout dit, et je ne troublerais pas davantage ce flot limpide et doux qui coule si transparent sous sa plume amie; seulement peut-être, et bien malgré moi, sans doute échapperait-il à mes lèvres indiscrètes de répéter quelquefois mais tout bas : *mieux vaut un sage ennemi qu'un imprudent ami.*

Mais il y a bien autre chose au fond de l'article de M. Baudement, et c'est en le terminant, qu'à la façon des Parthes, il lance à pleine poitrine à la sucrerie indigène le trait qui doit à tout jamais l'étendre sur le carreau.

« Nous sommes bien loin de voir sans peine, dit-il, la chute de l'indus-
« trie sucrière indigène : Nous aurions même désiré vivement , avec
« M. Melsens, que l'équilibre pût être maintenu ; mais qu'opposer aux
« conséquences fatales d'une découverte qui porte en elle des élémens de
« révolution prochaine? Faut-il maudire l'intelligence de l'homme et re-
« fuser le fruit de son travail? Maudire l'inégalité avec laquelle Dieu a
« réparti aux plantes les richesses que nous cherchons dans leurs tissus?
« Il est plus sage de chercher les moyens de ménager la transition et d'in-
« demniser l'industrie qui tombe par l'industrie qui s'élève. »

Que répondra à cela cette pauvre sucrerie indigène qui s'obstine à rester pleine de vie et de force, malgré tant de prophètes de malheur dont elle prétend, l'audacieuse, prononcer elle-même l'oraison funèbre? — Ah ! elle serait bien ingrate, si elle ne se hâtait d'aller porter sa reconnaissance à l'auteur d'une si belle tirade! Eh bien, non! Il est dit qu'elle s'opiniâtrera plus que jamais à faire fleurir et prospérer sa belle et glorieuse industrie! qu'elle continuera à occuper par centaine de mille les ouvriers de nos campagnes et à verser au Trésor de 30 à 40 millions par an! Voilà, comme elle répondra à cet excès de bénévolence de M. Baudement dont elle ne refusera pas pour cela d'ailleurs de reconnaître et d'admirer le talent.

J'aurais bien encore une foule de brochures et d'articles de journaux à analyser pour compléter ce travail d'ensemble sur M. Melsens. Mais messieurs les fabricans indigènes ont déjà sous les yeux autant et plus qu'il n'en faut pour les éclairer, et je n'aurais plus rien à ajouter ici à ce sujet, si désormais, nous n'avions tous à attendre que les faits que nous révélera l'avenir. Malheureusement il n'en est point ainsi, et une *nouvelle mesure toute exceptionnelle*, dont M. Melsens est l'objet de la part de M. le ministre du commerce, menace d'exciter une nouvelle irritation parmi les chimistes français, ses collègues, que par une fatalité qui ne s'explique pas, ou s'obstine à écarter de l'arène dans laquelle ils veulent descendre avec leur concurrent belge.

X.

Projets hostiles contre la sucrerie indigène.

Il me reste, pour terminer ce compte-rendu, à dire quelques mots des intentions que l'on suppose toujours au Gouvernement de proposer à l'Assemblée législative un projet de loi tendant à dégrever le sucre colonial. Un journal bien informé, que j'ai cité plus haut, l'a annoncé, en stimulant la vigilance des fabricans indigènes. C'est une usurpation sur mes attributions dont je ne puis cependant que reconnaître la bonne intention et le mérite. J'ai dû m'enquérir, de mon côté, des craintes qui pouvaient menacer les intérêts de la sucrerie indigène, et je crois être fondé à déclarer que le danger *est serieux*; mais que les événemens qui se sont produits à la suite de l'affaire Melsens en ont atténué l'imminence et paraissent encore de nature à le conjurer pour quelque temps. Ce n'est point une certitude que je donne, mais une espérance vague et confuse renfermée dans les plus étroites limites. A cet égard donc je ne puis qu'engager les fabricans indigènes à suivre les avis du journal précité, au lieu de s'endormir dans une sécurité qui aurait ses périls, ses revers peut-être.

Ce parti de la prudence me semble d'autant plus nécessaire à adopter que les attaques de leurs puissans adversaires se reproduisent avec plus d'ardeur et de violence que jamais. — On a pu en avoir une preuve dans la lettre de M. Reydellet, spécimen public d'un plan d'attaque dont l'objet est la sucrerie indigène et le but sa destruction.

Je n'ai pu ignorer (1) la puissante ligue des ports de mer pour arriver à l'anéantissement de la betterave, non par les sucres coloniaux, que l'on sait hors d'état de lui nuire d'ici longtems, mais par les sucres étrangers qu'on tentera d'introduire, par masses, sur le marché français. Ce projet n'est un mystère pour personne, et tous les efforts de ces redoutables concurrens se résument dans cette tenacité ardente, passionnée, qui se traduit par ces formules : *Abaisser la surtaxe des sucres étrangers, anéantir le sucre indigène.* Tel est leur *delendum*.

XI.

En présence d'une hostilité si persistante que celle que je viens de signaler, et qui rencontre tant d'auxiliaires dans toutes les avenues du pouvoir, il est impossible que les fabricans restent passifs et inertes. Leur cause est bonne, car elle est nationale. Mais, pour assurer son triomphe, ils ont tous besoin de se serrer et de chercher leur force là seul où ils peuvent la trouver, c'est-à-dire dans l'alliance étroite de tous les intérêts, dans l'union intime de leurs sympathies, de leur intelligence, de leurs efforts et de leur dévoûment. Là est leur palladium : qu'ils s'y réfugient avec le sen -

Conclusion.
—
Union
pour la défense.

(1) Ma lettre du 28 Septembre dernier au Comité central de Douai contient ce passage:
« .... Nos ennemis se montrent, cette année, bien plus acharnés et plus intraitables que « jamais, etc..... Nous les vaincrons, comme toujours, par la modération et la persévérance ; je « devrais dire par la bonté de la cause..... »

7

liment de leur valeur ! Les hommes de tête et de cœur ne manquent pas parmi eux ; ils sont nombreux dans le Nord, l'Aisne, la Somme, l'Oise et le Pas-de-Calais. On en compte encore dans l'Isère, le Puy-de-Dôme et quelques autres départemens. Ils peuvent donc à leur tour former aussi une ligue puissante et présenter à leurs adversaires une masse sinon égale, du moins assez forte pour résister. Qu'ils continuent donc de marcher, comme toujours, sous le drapeau du droit, de la raison et de l'équité ! Et ne voit-on pas encore parmi eux, et à leur tête, l'homme qui, il y a quarante ans, fondait l'industrie saccharine en France, qui traversa cette longue période de temps jusqu'à nos jours en triomphant de tant de vicissitudes qui la mirent si souvent en péril ! Avec une telle lumière, la route est sûre... et le succès est au bout... Il ne m'appartient pas à moi, qu'on pourrait suspecter de partialité, d'en parler avec le sentiment de convenance que la vérité impose... Mais interrogeons les livres contemporains consacrés à rendre justice aux hommes éminens par leurs travaux, leurs services, non moins que par leur caractère honorable. Ecoutons ces organes du passé, qui ont été aussi et qui sont encore les oracles de l'avenir. Voici ce que publie sur M. Crespel Dellisse le grand ouvrage placé sous le patronage de la société Montyon et Franklin en 1838. C'est un hommage éclatant que méritait alors et que mérite bien plus encore aujourd'hui celui que l'auteur de la biographie honore du titre de :

« UN BIENFAITEUR DU NORD

DE LA FRANCE.

« Gloire soit rendue, dit-il, à ces hommes qui ont surmonté toutes les « difficultés, supporté tous les sacrifices, pour conserver à la France une « industrie qui doit enrichir son agriculture. Cette industrie a le double « avantage de donner à notre sol un produit de plus et d'augmenter sensi« blement par le marc et les feuilles de la betterave nos ressources pour la « nourriture et l'engrais de nos bestiaux. Elle forme une récolte intermé« médiaire et prépare admirablement les terres pour la culture du blé ; « elle fournit un travail précieux aux colons d'une ferme pendant la saison « rigoureuse de l'hiver, quand les travaux des champs sont suspendus ; elle « ouvre à l'agriculture une source de richesses.

« De tous les citoyens honorables qui ont obtenu le plus de succès dans
« cette précieuse industrie, M. Crespel Dellisse doit être placé au premier
« rang... L'irruption des armées étrangères, en dévastant ses premiers ate-
« liers, n'a point abattu son courage ni refroidi son zèle... Sa fortune s'est
« accrue promptement, et jamais fortune ne fut plus honorable, car elle a
« pour base le bien public, et la source en est pure et sacrée. Mais ce n'est
« point là le seul mérite qui recommande M. Crespel Dellisse. Loin de
« soustraire ses procédés à l'œil curieux des hommes qui veulent s'instruire,
« il les appelle, il les admet dans ses ateliers, les fait participer à toutes ses
« opérations. Son noble désintéressement mérite la reconnaissance publi-
« que, et la société d'encouragement, en lui décernant le premier de ses
« prix, a été l'organe de la France entière.

« Les fabriques de M. Crespel Dellisse sont toujours, comme du temps de
« Chaptal, autant d'écoles ouvertes aux Français et aux étrangers. Le grand-
« duc de Hesse l'a créé chevalier de son ordre du Mérite (1831). La dé-
« coration de la Légion-d'Honneur lui a été décernée en 1832. Le roi de
« Prusse l'a nommé chevalier de l'Aigle-Rouge en 1833.

« Napoléon aurait fait ériger une statue à ce bienfaiteur de l'agriculture,
« à ce créateur d'une industrie française qui pourrait braver les Anglais. »

A. JARRY DE MANCY.

(Hommes utiles, page 275.)

Je clos ce travail sous le charme de cette citation, heureux qu'il m'ait
été donné de placer ainsi sous les yeux de Messieurs les Fabricans de sucre, à côté de quelques vérités qui peuvent leur être utiles, un sincère
hommage pour celui qui m'a valu l'honneur insigne d'être à Paris leur
mandataire.

BRETON,

Représentant de la Sucrerie indigène,

20, rue Pigale.

Paris, le 19 Octobre 1849.

Paris.—Imp. Bénard et Comp., succ. de Lacrampe, rue Damiette, 2.

9 782012 972988